气象知识极简书　陈云峰　主编

寒潮与霜冻

任　珂　王晓凡　李　晨　编著

U0951177

气象出版社
China Meteorological Press

图书在版编目（CIP）数据

寒潮与霜冻 / 任珂，王晓凡，李晨编著. -- 北京：气象出版社，2019.1（2023.3重印）

（气象知识极简书 / 陈云峰主编）

ISBN 978-7-5029-5229-7

Ⅰ.①寒… Ⅱ.①任… ②王… ③李… Ⅲ.①寒潮－普及读物 ②霜冻－普及读物 Ⅳ.①P425.5-49 ②P426.616-49

中国版本图书馆CIP数据核字（2018）第202575号

Hanchao yu Shuangdong

寒潮与霜冻

出版发行：	气象出版社		
地　　址：	北京市海淀区中关村南大街46号	**邮政编码**：	100081
电　　话：	010-68407112（总编室） 010-68408042（发行部）		
网　　址：	http://www.qxcbs.com	**E-mail**：	qxcbs@cma.gov.cn
责任编辑：	胡育峰　王鸿雁	**终　　审**：	张　斌
责任校对：	王丽梅	**责任技编**：	赵相宁
封面设计：	符　赋	**审 图 号**：	GS（2018）4733号
印　　刷：	北京地大彩印有限公司		
开　　本：	710 mm × 1000 mm　1/16	**印　　张**：	2.5
字　　数：	23千字		
版　　次：	2019年1月第1版	**印　　次**：	2023年3月第2次印刷
定　　价：	10.00元		

本书如存在文字不清、漏印以及缺页、倒页、脱页等，请与本社发行部联系调换

《气象知识极简书》丛书
编 委 会

主　编：陈云峰

副主编：刘　波　任　珂　黄凯安

编　委：汪应琼　王海波　王晓凡　周　煜　康雯瑛　李　新　李　晨　翟劲松　李陶陶　陈　琳　徐嫩羽　王　省　李　平

美　编：李　晨　李梁威　翟劲松　杨佑保　赵　果

前 言

变幻莫测的气象风云，每时每刻都影响着生活在地球上的生命，特别是很多常见的天气现象：高温热浪、暴雨（雪）、台风、寒潮、雷电、沙尘暴……它们的出现往往会给人类带来无穷的烦扰。在人类久远的历史长河中，它们是一股“神秘力量”，令古人见之生畏；而在科学如此发达的今天，虽然关于它们还有很多未知领域需要探究，但面对各类天气我们已经不再惧怕：它们的出现有迹可循，它们的类型有据可辨，它们并非一无是处，它们变得可以被防范、被利用。

《气象知识极简书》就是这样一套认识天气的入门级丛书，共 8 册。内容包括暴雨洪涝、台风、雷电、大风、沙尘暴、高温与干旱、暴雪、寒潮与霜冻共 10 种与我们生产、生活息息相关的天气类型。采取问答形式，设问有趣活泼，回答简短精干，配以生动的漫画解读读者感兴趣的基础性问题。针对每一种天气类型，不仅仅回答是什么、为什么、面对危险怎么办，还包括我们如何监测天气、如何利用天气等，在阐明气象知识的同时，尽量增加可读性、趣味性。

作为一套入门级气象科普丛书，它受众面较广，既适合作为中小学生的读物，也适合广大对气象科学抱有兴趣的成年读者。

以易懂的方式普及气象知识，以轻松的心态提升科学素养。开卷有益，气象万千！

编　者

目　录

什么是寒潮?

寒潮

是指极地或高纬度地区的强冷空气大规模向中、低纬度侵袭，造成大范围急剧降温和偏北大风的天气过程，有时还会伴有雨、雪和冰冻灾害。当冷空气强度达到一定标准时，才称为寒潮。

寒潮的标准

《冷空气等级》国家标准中规定：受冷空气影响的某地，日最低气温 24 小时内降温幅度大于或等于 8 ℃，或 48 小时内降温幅度大于或等于 10 ℃，或 72 小时内降温幅度大于或等于 12 ℃，而且使该地日最低气温下降到 4 ℃或以下。48 小时、72 小时内降温的日最低气温应连续下降，可认为是寒潮发生。可见，并不是每一次冷空气南下都称为寒潮。

寒潮是怎么形成的？

在遥远的极地和西伯利亚这种高纬度地区，冬季黑夜漫长，白天很短，被太阳照射的时间非常少，大地从太阳那里得到的热量十分微弱。冷空气在这里越积越多，也越来越深厚，它们不断收缩下沉，逐渐形成冷高压气团。到了一定程度时，就可能会向气压相对低的中低纬度地区冲杀，好像汹涌咆哮的洪水向低处倾泻。

如果这股冷空气太强大，就形成了寒潮。

寒潮从哪里来？

其中 95% 的冷空气都要经过西伯利亚中部地区，并在那里积累加强，所以这个地区被称为寒潮关键区。

西路

冷空气从关键区经我国新疆、青海、西藏高原东侧南下，对我国西北、西南及江南各地区影响较大。

中路

冷空气从关键区经蒙古国到达我国河套附近南下，直达长江中下游及江南地区。

东路

冷空气从关键区经蒙古国到达我国华北北部，在冷空气主力继续东移的同时，低空的冷空气折向西南，经渤海侵入华北，再从黄河下游向南，可达两湖（湖南、湖北）盆地。

东路加西路

东路冷空气从河套下游南下，西路冷空气从青海东南下，两股冷空气常在黄土高原东侧及黄河、长江之间汇合，造成大范围雨雪天气。

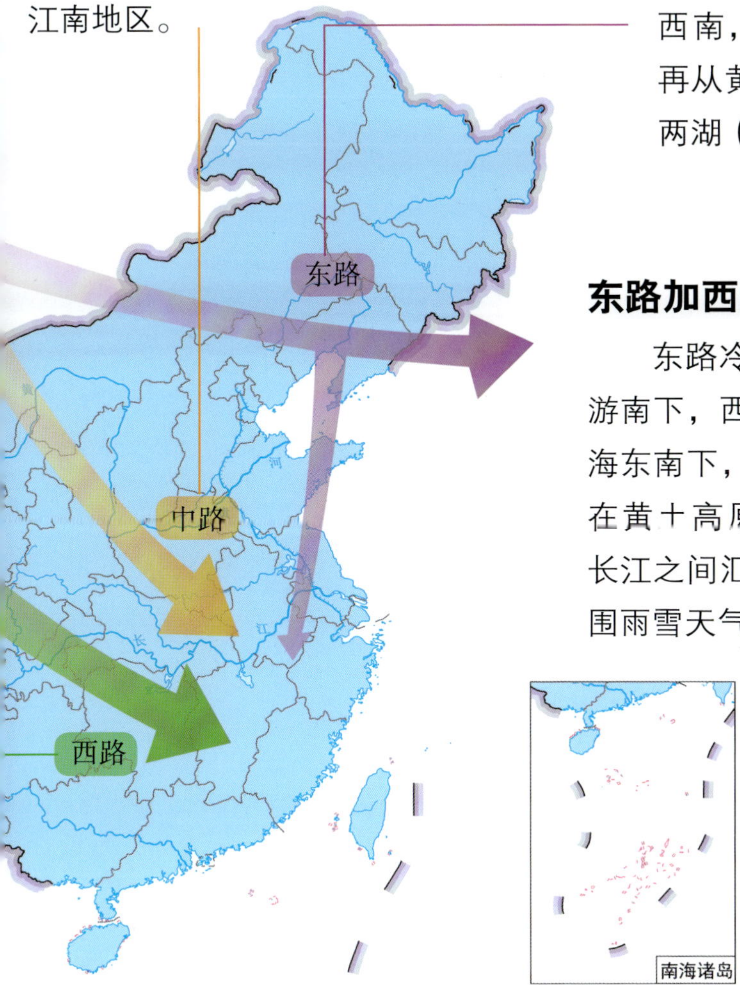

我国哪里最“冻人”？

寒潮一般多发生在秋末、冬季、初春时节，特别是秋末冬初和冬末春初最为常见。

中国年寒潮频次分布总体来说北多南少。东北、华北西北部和西北、江南、华南大部分地区平均每年发生寒潮在 3 次以上，其中北疆北部、内蒙古中北部、吉林大部、辽宁北部会达到 6 次以上。

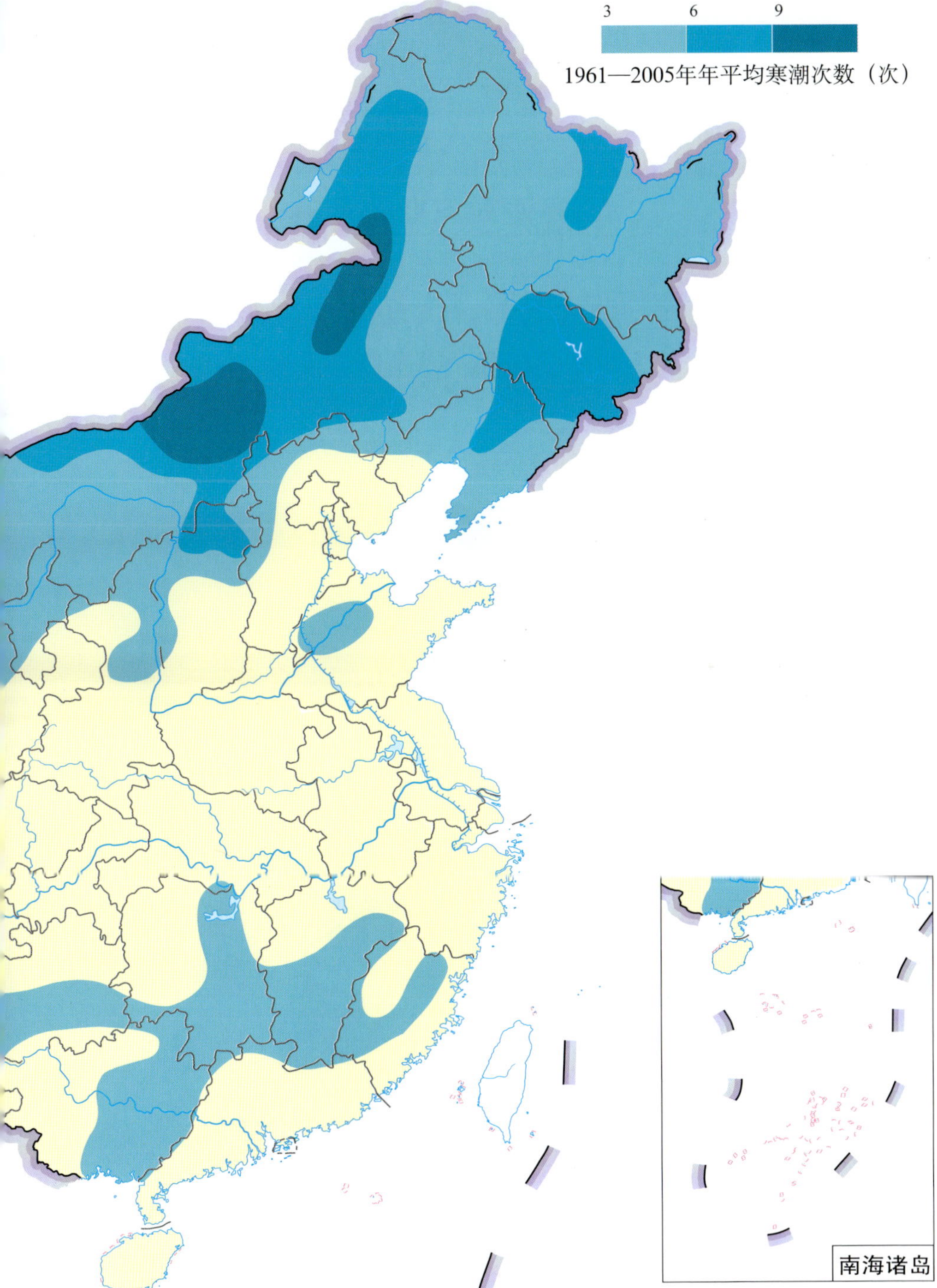

台湾省数据暂缺

寒潮的危害有哪些？

☆ 寒潮对农业的危害

因寒潮引起的气温下降幅度可达10 ℃甚至20 ℃以上，突破了农作物耐寒的极限，冻害就会发生。

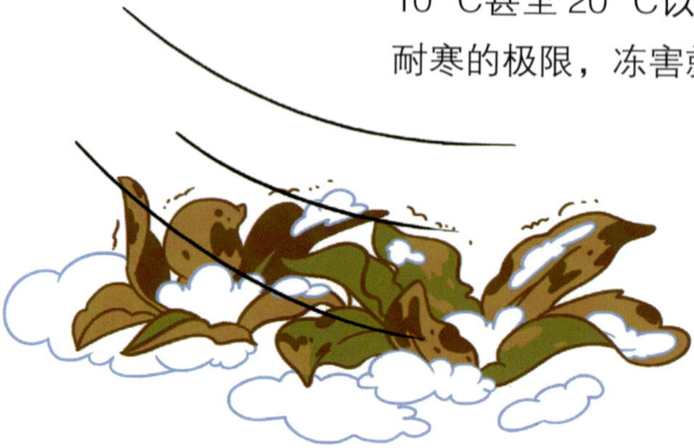

☆ 寒潮对交通的危害

寒潮带来的大风、雨雪和降温天气，会造成低能见度、地表结冰和路面积雪，威胁交通安全。

☆ 寒潮对电力和通信设施的危害

冻雨也是寒潮的伙伴，它会使输电和通信线路上积满雨凇。线路遇冷收缩，本来已经很脆弱了，再加上风吹引起的震荡和雨凇重量的影响，容易被压断，造成输电、通信中断，给人们生活工作带来严重影响。

☆ 寒潮对人体健康的危害

寒潮天气容易引发感冒、气管炎、冠心病、肺心病、哮喘、偏头痛等疾病，有时还会使这些疾病患者的病情加重。

寒潮来袭如何防御？

农牧业加固棚架设施

由于寒潮往往伴随着较大的风，所以需要注意加固棚架设施，防止棚架倒塌或大风掀开棚膜加重冻害，并做好温湿调控。

家禽、家畜防寒保暖

家禽、家畜等养殖户做好禽畜棚舍的防寒保温工作。

防病

老弱病人，特别是心血管疾病病人、哮喘病人等对气温变化敏感的人群尽量不要外出。

交通

清除积雪、积冰或关闭道路，加强监管和预警。

出行注意路面交通安全，采取防风防寒保暖措施。

防煤气中毒

提防煤气中毒，尤其是采用煤炉取暖的家庭更要注意。

达到什么标准会发布寒潮预警？

寒潮蓝色预警信号

48 小时内最低气温将要下降 8 ℃以上，最低气温小于或等于 4 ℃，陆地平均风力可达 5 级以上；或者已经下降 8 ℃以上，最低气温小于或等于 4 ℃，平均风力达 5 级以上，并可能持续。

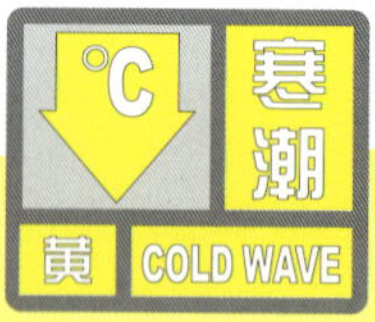

寒潮黄色预警信号

24 小时内最低气温将要下降 10 ℃以上，最低气温小于或等于 4 ℃，陆地平均风力可达 6 级以上；或者已经下降 10 ℃以上，最低气温小于或等于 4 ℃，平均风力达 6 级以上，并可能持续。

寒潮橙色预警信号

24 小时内最低气温将要下降 12 ℃以上，最低气温小于或等于 0 ℃，陆地平均风力可达 6 级以上；或者已经下降 12 ℃以上，最低气温小于或等于 0 ℃，平均风力达 6 级以上，并可能持续。

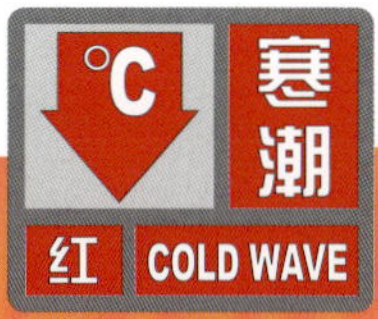

寒潮红色预警信号

24 小时内最低气温将要下降 16 ℃以上，最低气温小于或等于 0 ℃，陆地平均风力可达 6 级以上；或者已经下降 16 ℃以上，最低气温小于或等于 0 ℃，平均风力达 6 级以上，并可能持续。

寒潮的好处有哪些？

因为季风的影响，我国冬季是枯水期，降水量和其他季节比相对少一些。有些地方就有可能会发生冬季的旱情，但寒潮的到来，常会带来大范围的雨雪天气。干旱？再见啦！

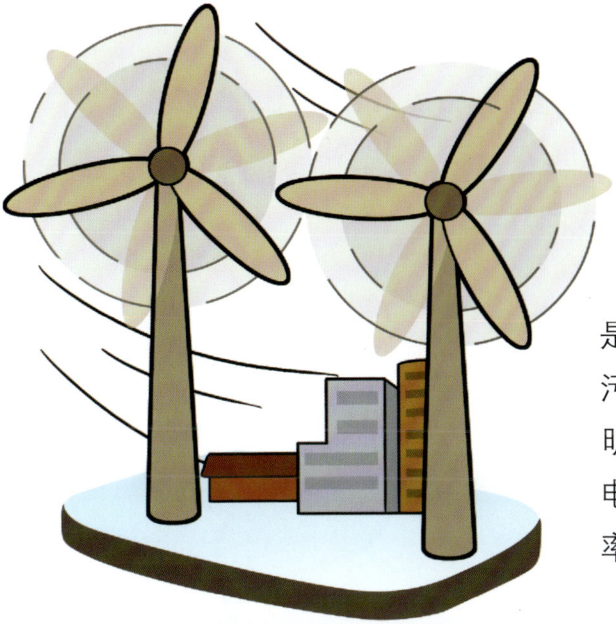

寒潮带来的大风更是宝贵的动力资源，无污染纯天然。举例说明：日本宫古岛风能发电站，寒潮期的发电效率是平时的 1.5 倍。

寒潮带来的低温虽然冷得让我们每次外出就像进冰箱，但可以杀死潜伏在土壤中躲避冬天的害虫和病菌，或抑制它们的滋生，减轻来年的病虫害。

什么是霜？

霜的定义

霜是指近地面空气中水汽直接凝华在温度低于 0 ℃的地面上或近地面物体上而形成的白色冰晶。

霜的形成条件

在一个没有云彩、没有风或者微风轻拂的夜晚或清晨，当地面温度低于 0 ℃，并且具备以下 3 个条件，霜就会悄悄地出现了。

适量的水汽

水汽一定要适量。因为水汽凝华成霜的时候，是需要释放热量的，空气湿度大，凝华过程释放热量多，温度高了，霜也就没法形成。如果水汽过少的话，“原材料”都没有，怎么能凝华成霜?

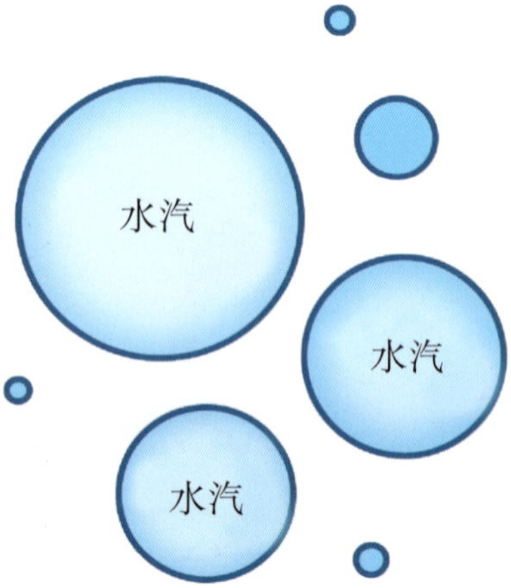

晴朗的天气

万里无云或者云很少的晴朗天气有利于地面或地面物体热量散发，温度低了，霜才会出现。

无风或微风

同样的道理，无风或微风的天气，减少了空气的上下对流，有利于地面的充分冷却，因此更加有利于霜的形成。

什么是霜冻?

霜冻与霜是两个不同的概念，有着根本的区别。霜冻是白天气温高于0 ℃，夜间气温短时间降至0 ℃以下的低温危害现象，是一种农业气象灾害，多出现在春秋转换季节。

农业气象学中的霜冻是指土壤表面或植物株冠附近的气温降至0 ℃以下而造成作物受害的现象。

出现霜冻时，往往伴有霜，也可不伴有霜,不伴有霜的霜冻被称为“黑霜”或“杀霜”。霜本身对农作物并无直接影响，但结霜时的低温却会引起农作物冻害。

由温暖季节向寒冷季节过渡时期发生的霜冻叫早霜冻，由寒冷季节向温暖季节过渡时期发生的霜冻叫晚霜冻。我国早霜冻和晚霜冻的发生区域、出现时间及主要影响对象如下表。

我国霜冻的特征

主要类型	发生区域	出现时间	主要影响对象
早霜冻	东北、内蒙古大部	9月中旬至10月上旬	玉米、大豆、一季稻 
	新疆	9月中旬至10月上旬	棉花 
	华北、西北中东部	9月下旬至10月下旬	玉米、荞麦、谷子、高粱 
晚霜冻	东北南部、西北东部、华北	2月中下旬至5月上中旬	冬小麦、油菜、春玉米、春小麦 
	黄淮、江淮和江汉、江南大部	2月中下旬至5月上中旬	棉花、果树、蔬菜 

我国哪里的霜冻最多？

我国霜冻日数分布由北往南逐渐减少。

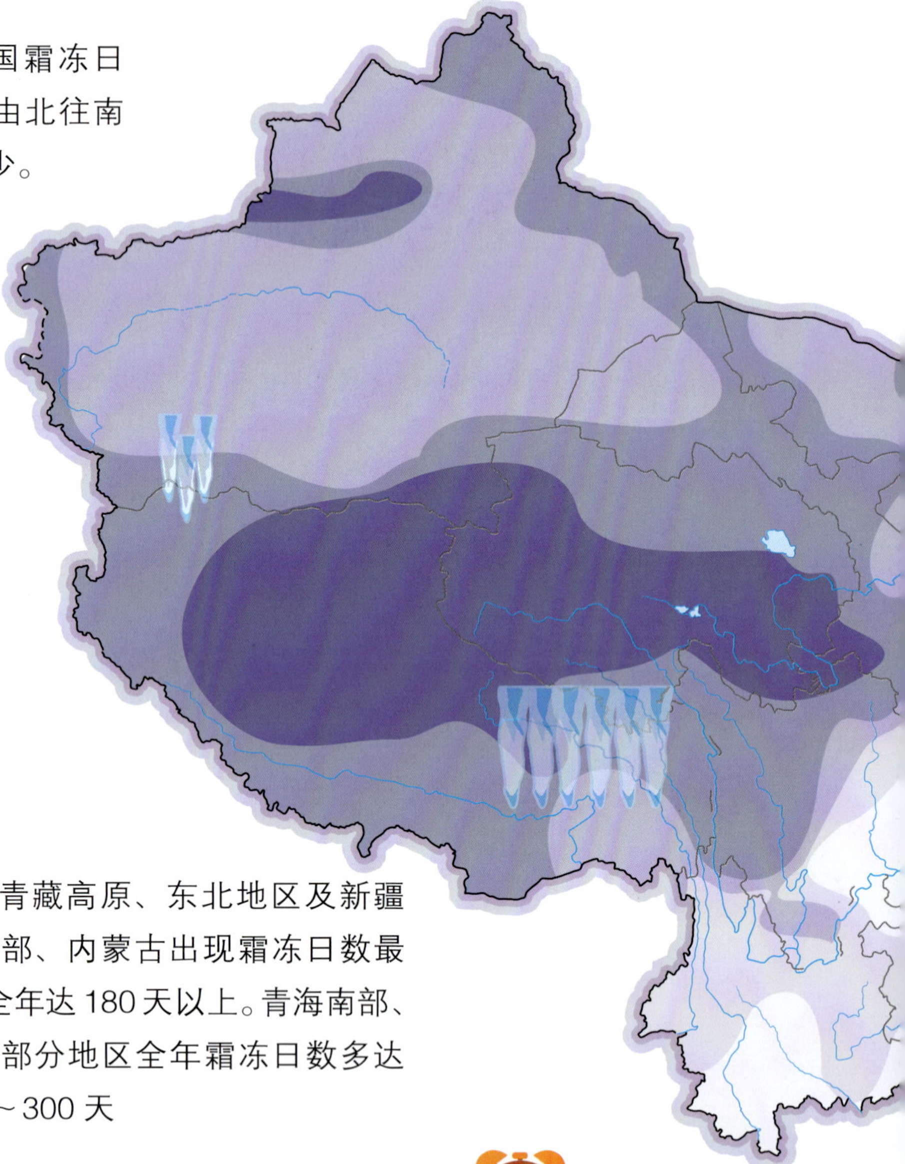

青藏高原、东北地区及新疆东北部、内蒙古出现霜冻日数最多，全年达 180 天以上。青海南部、西藏部分地区全年霜冻日数多达 250～300 天

华南沿海及海南几乎无霜冻出现。

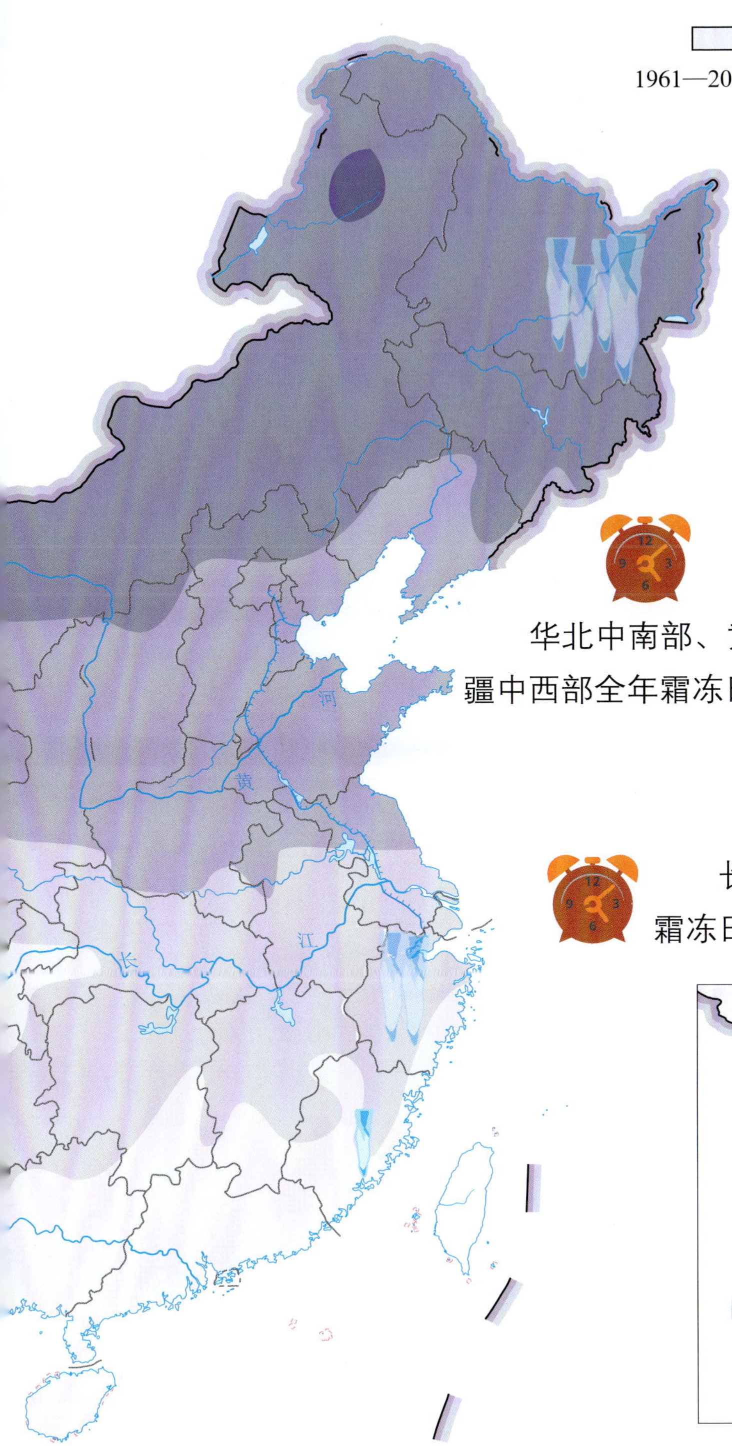

华北中南部、黄淮、西北东部及新疆中西部全年霜冻日数为 90～180 天。

长江中下游地区全年霜冻日数为 30～90 天。

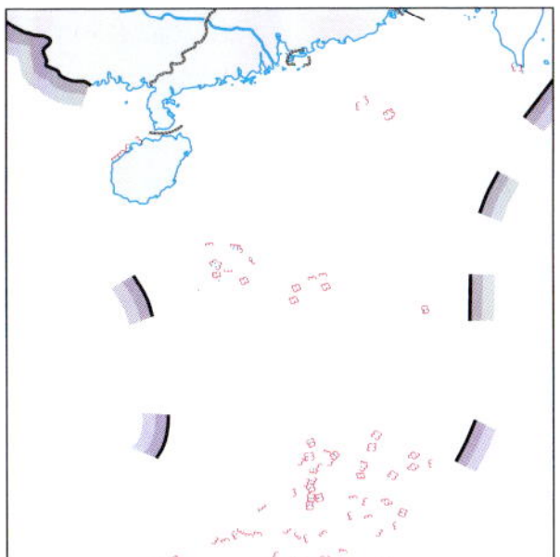

台湾省数据暂缺

霜冻带来的危害有哪些？

霜冻的危害

农田里的庄稼、蔬菜等作物都怕霜冻，因为严重的霜冻害可使它们的减产率达30% 左右，甚至绝收。

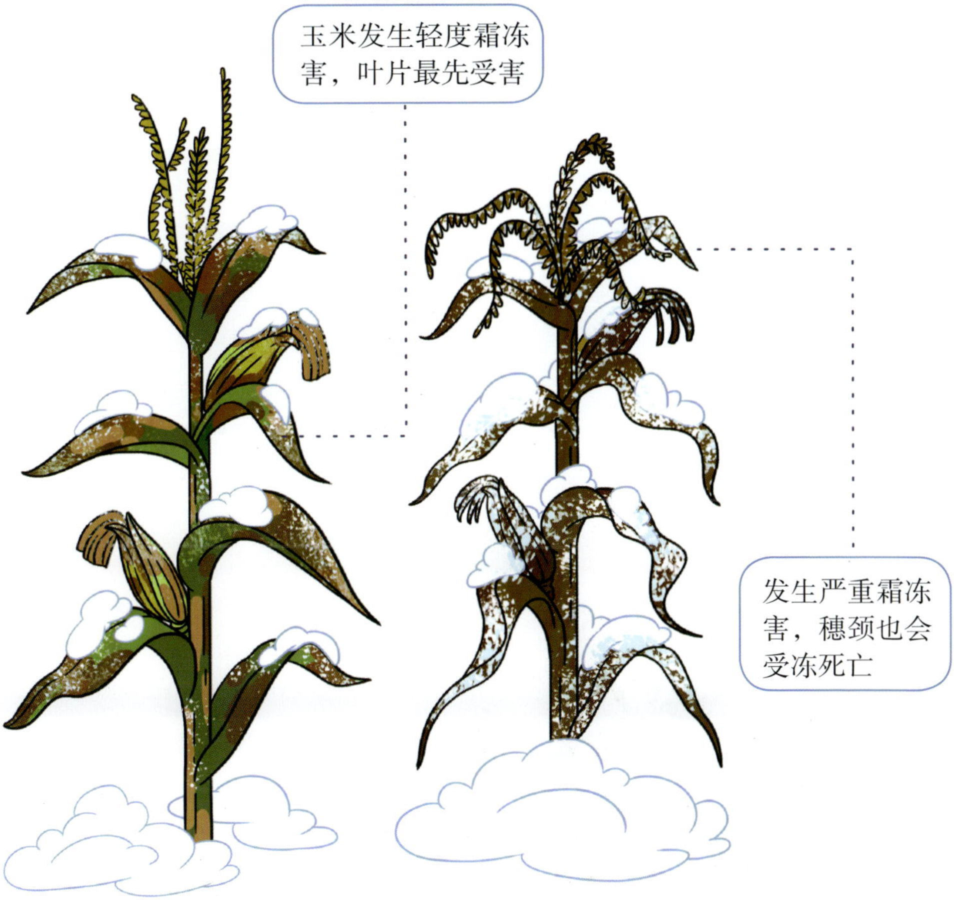

以玉米为例：

当气温降至 0 ℃时，玉米发生轻度霜冻害：叶片最先受害，受冻后的叶片变得枯黄，影响光合作用，产生的营养物质减少，玉米粒就不会很饱满。如果气温降至 –3 ℃，就会发生严重霜冻害：除了大量叶片受害外，玉米的茎秆和穗也会被冻坏，这就不仅仅是影响光合作用了，直接切断了茎秆向玉米粒传输养料的通道，大量的玉米就这样冻死在了田里。

霜冻害有哪些等级？

根据日最低气温下降的幅度和植物遭到霜冻害、减产的程度，气象部门把霜冻害分为三级，分别是：轻霜冻、中霜冻和重霜冻。

轻霜冻

气温下降比较明显，日最低气温比较低；植株顶部、叶尖或少部分叶片受冻，部分受冻部位可以恢复；受害株率应小于30%；粮食作物减产幅度在5%以内。

中霜冻

气温下降很明显，日最低气温很低；植株上半部分叶片大部分受冻，且不能恢复；幼苗部分被冻死；受害株率在30% ~ 70%；粮食作物减产幅度在5% ~ 15%。

重霜冻

气温下降特别明显，日最低气温特别低；植株冠层大部分叶片受冻死亡或作物幼苗大部分被冻死；受害株率大于70%；粮食作物减产幅度在15%以上。

达到什么标准会发布霜冻预警？

霜冻蓝色预警信号

48 小时内地面最低温度将要下降到 0 ℃以下，对农业将产生影响，或者已经降到 0 ℃以下，对农业已经产生影响，并可能持续。

霜冻黄色预警信号

24小时内地面最低温度将要下降到 –3 ℃以下，对农业将产生严重影响，或者已经降到 –3 ℃以下，对农业已经产生严重影响，并可能持续。

霜冻橙色预警信号

24小时内地面最低温度将要下降到 –5 ℃以下，对农业将产生严重影响，或者已经降到 –5 ℃以下，对农业已经产生严重影响，并将持续。

农业上面对霜冻灾害怎样防御？

烟熏防霜冻法

在霜冻将发生前，先看看风向，然后在农田上风的一侧把柴草或作物的茎秆等点燃，在烟雾和热量的笼罩下，可以提高农田近地层的气温。

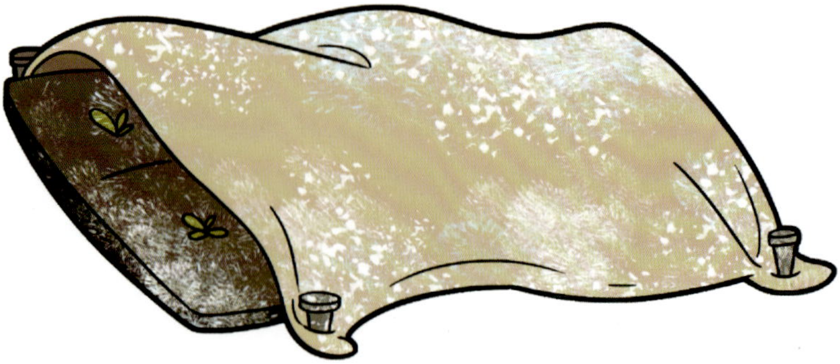

灌溉喷雾法

水汽凝结会释放热量，可以在农田喷洒水雾，达到缓解降温和保护作物的效果。

覆盖保湿法

在农作物上方覆盖一层地膜等物体，这样可以缓解地面降温，从而达到防御霜冻的目的。这种方法应用比较普遍。